石油石化现场作业安全培训系列教材

吊装作业安全

中国石油化工集团公司安全监管局
中国石化青岛安全工程研究院
组织编写

中国石化出版社

图书在版编目（CIP）数据

吊装作业安全 / 王洪雨主编；中国石油化工集团公司安全监管局，中国石化青岛安全工程研究院组织编写．—北京：中国石化出版社，2016.7（2021.11重印）

石油石化现场作业安全培训系列教材

ISBN 978-7-5114-4196-6

Ⅰ．①吊… Ⅱ．①王… ②中… ③中… Ⅲ．①起重机械－吊装－安全培训－教材 Ⅳ．① TH210.7

中国版本图书馆 CIP 数据核字 (2016) 第 171847 号

中国石化出版社出版发行

地址：北京市东城区安定门外大街 58 号

邮编：100011　电话：(010) 57512500

发行部电话：(010) 57512575

http://www.sinopec-press.com

E-mail:press@sinopec.com

北京富泰印刷有限责任公司印刷

全国各地新华书店经销

*

787×1092 毫米 32 开本 1.625 印张 27 千字

2016 年 7 月第 1 版　2021 年 11 月第 7 次印刷

定价：20.00 元

《石油石化现场作业安全培训系列教材》

编　委　会

《吊装作业安全》编写人员

主　　编：王洪雨

编写人员：苏国胜　李　欣　蒋　涛　孙志刚　辛　平　刘　洋　李洪伟　张丽萍　赵英杰　张　艳　赵　洁　尹　楠

序

近年来相关统计结果显示，发生在现场动火作业、受限空间作业、高处作业、临时用电作业、吊装作业等直接作业环节的事故占石油石化企业事故总数的90%，违章作业仍是发生事故的主要原因。10起事故中，9起是典型的违章作业事故。从相关事故案例和违章行为的分析结果来看，员工安全意识薄弱，安全技术水平达不到要求是制约安全生产的瓶颈。安全培训的缺失或缺陷几乎是所有事故和违章的重要成因之一。

加强安全培训是解决“标准不高、要求不严、执行不力、作风不实”等问题的重要手段。

企业在装置检修期，以及新、改、扩建工程中，甚至日常检查、维护、操作过程中，都会涉及大量直接作业活动。《石油石化现场作业安全培训系列教材》涵盖动火作业、受限空间作业、高处作业、吊装作业、临时用电作业、动土作业、断路作业和盲板抽堵作业等所涉及的安全知识，内容包括直接作业环节的定义范围、安全规章制度、危害识别、作业过程管理、安全技术措施、安全检查、应急处置、典型事故案例以及常见违章行为等。通过对教材的学习，能够让读者掌握直接作业环节的安全知识和技能，有助于企业强化“三基”工作，有效控制作业风险。

安全生产是石油化工行业永恒的主题，员工的素质决定着企业的安全绩效，而提升人员素质的主要途径是日常学习和定期培训。本套丛书既可作为培训课堂的学习教材，又能用作工余饭后的理想读物，让读者充分而便捷地享受学习带来的快乐。

前言

直接作业环节安全管理一直是石油化工行业关注的焦点。为使一线员工更好地理解直接作业环节安全监督管理制度，预防安全事故发生，中国石油化工集团公司组织相关单位开展了大量研究工作，旨在规范直接作业环节的培训内容、拓展培训方式、提升培训效果。在此基础上，依据国家法规、标准，编写了《石油石化现场作业安全培训系列教材》。该系列教材系统介绍石油石化现场直接作业环节的安全技术措施和安全管理过程，内容丰富，贴近现场，语言简洁，形式活泼，图文并茂。

本书是系列教材的分册，可作为吊装作业人员、指挥人员以及管理人员的补充学习材料，主要内容有：

- ◆ 作业活动的相关定义；
- ◆ 事故类型及违章行为；
- ◆ 安全技术措施；

- ◆ 典型安全防护装置；
- ◆ 易损部件报废标准；
- ◆ 吊索具要求；
- ◆ 作业安全要求；
- ◆ 典型事故案例；
- ◆ 急救常识等。

通过本书的学习，读者可以更好地掌握吊装作业的安全技术措施和安全管理要求，熟悉工作程序、作业风险、应急措施和救护常识等。书中内容具有一定的通用性，并不针对某一具体装置、具体现场。对于特定环境、特殊装置的具体作业，应严格遵守相关的操作手册和作业规程。

本书由中国石油化工集团公司安全监管局、中国石化青岛安全工程研究院组织编写。书中选用了中国石油化工集团公司安全监管局主办的《班组安全》杂志的部分案例与图片，在此一并感谢。由于编写水平和时间有限，本书内容尚存不足之处，敬请各位读者批评指正并提出宝贵意见。

目录

1 吊装作业基础知识

1.1 吊装作业的定义及分类

起重机械是以间歇、重复工作方式，通过起重吊钩或其他吊具起升、下降，或升降与运移重物的机械设备（如轻小起重设备、起重机、升降机）。

吊装作业是利用起重机械将重物吊起，并使重物发生位置变化的作业过程。

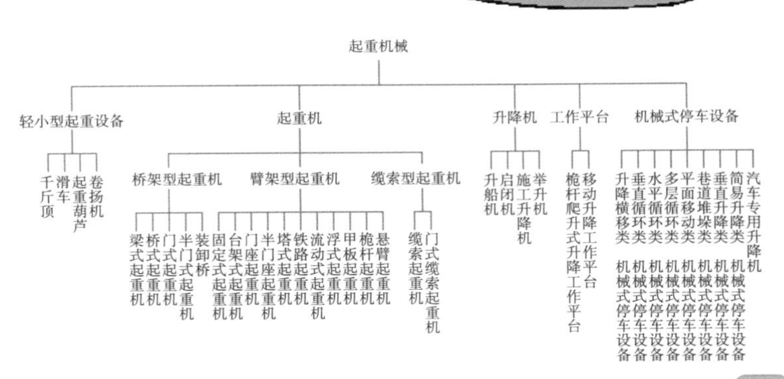

1.2 常见起重机械

（1）汽车起重机

是指在通用汽车底盘上装设起重工作装置及设备的起重机。

（2）全路面起重机

是兼有汽车起重机和越野起重机特点的高性能产品。具有行驶速度快，多桥驱动，全轮转向，离地间隙大，爬坡能力高等主要特点。

（3）轮胎起重机

是指在加重型轮胎和轮轴组成的特制底盘上安装起重工作装置及设备的起重机。

（4）履带起重机

是起重工作装置和设备装设在履带式底盘上的起重机。

（5）梁式起重机

是指起重小车在工字型梁等梁架上运行的起重机。

（6）龙门起重机

是水平桥架设置在两条支腿上构成门架形状的一种桥架型起重机。

（7）塔式起重机

塔式起重机简称塔机，亦称塔吊，是动臂装在高耸塔身上部的旋转起重机。

（8）施工升降机

是采用齿轮齿条啮合方式或钢丝绳提升方式，使吊笼作垂直或倾斜运动，用以输送人员和物料的机械。

（9）电动葫芦

是由电动机驱动，经卷筒、星轮等卷放起重绳或起重链条，以带动取物装置运动的起重葫芦。

1.3 吊索具

（1）吊具

是指吊装作业的刚性取物装置。

（2）索具

吊运物品时，系结勾挂在物品上具有挠性的组合取物装置称为索具或吊索。

（3）吊带

是用合成纤维等制成的、用于吊装的连接带 。

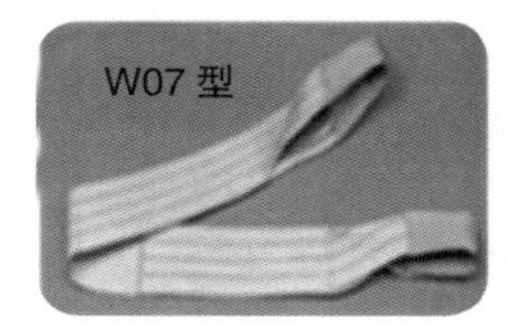

扁平吊带

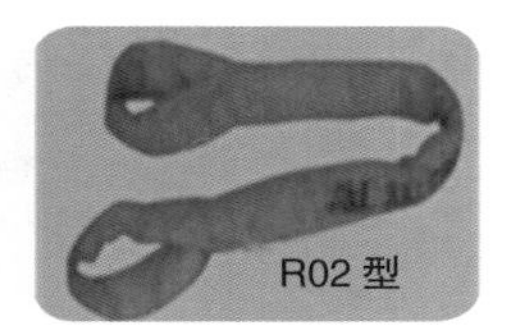

圆环吊带

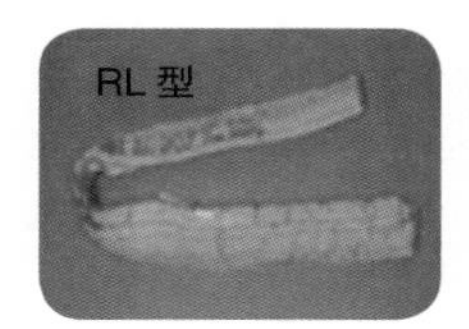

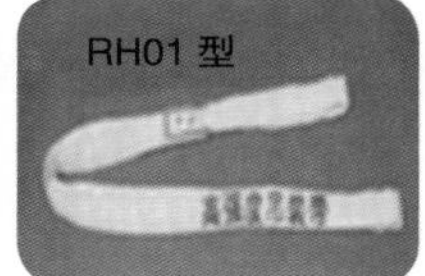

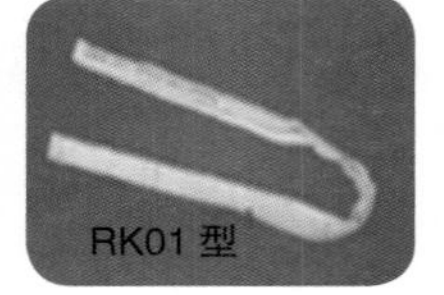

特殊吊带

（4）钢丝绳

强度高、弹性好、自重轻及挠性好，是用于绑扎固定物品的工具，也是构成吊索的主要挠性元件。

（5）链条

用于将起吊重物挂到起重机或其他起重机械的吊钩上的工具。

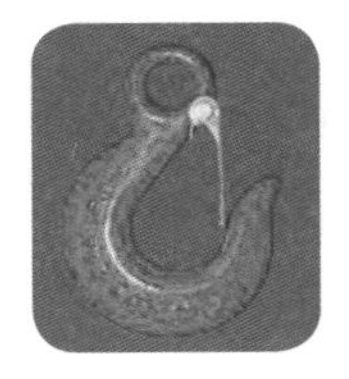

（6）吊钩

一般多使用单面吊钩，吊较重的物料使用双面吊钩。

（7）卸扣

用于装卸与起升货物时连接起升工具和货物的索具配件。

（8）绳卡

用来连接两条钢丝绳的固定卡具。

2 常见事故类型及违章行为

2.1 事故类型

吊装作业的常见事故类型是吊物坠落、起重机倾翻、人员挤伤、坠落和触电等。

（1）吊物坠落。由于起升钢丝绳断裂、吊物捆绑不牢、吊钩长期磨损断面减小而破断、吊装绳连同吊物从吊钩沟口滑脱等原因造成的事故均为吊物坠落事故。

（2）起重机倾翻。由于驾驶人员操作不当，如超载、臂架旋转过快等；或者由于地面承载力不够、站位坡度过大等原因造成起重机整体倾翻。

（3）挤伤。造成这类事故的主要原因是人员与旋转的起重机距离过近、人员处于吊钩与建筑物之间、吊物摆动冲击等。

（4）坠落。该类事故主要是人员从起重机上坠落、工具零部件从起重机上滑落等。

（5）触电。人员被起重机动力电源电击、室外作业的起重机吊臂触碰高空裸露高压输电线造成人员的电击伤等。

2.2 违章行为

- 无证上岗、违章作业；
- 不熟悉吊装作业知识野蛮作业；
- 违反安全操作规程随意作业；
- 违章使用起重机械、违规操作；
- 吊物未拉设溜绳，吊物摆动伤人。

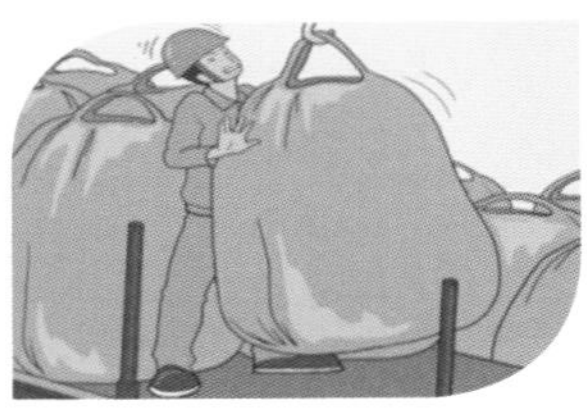

- 作业前未对设备、机具进行安全检查与确认；
- 吊索具破损，如吊钩、钢丝绳等损坏；
- 操纵系统失效，如制动装置失灵等；
- 安全装置失效，如高度限位器、力矩限制器等失效；
- 地基支垫不牢；
- 使用报废设备，或设备保养维护不及时等。

3 起重机的结构

起重设备的基本结构	
	金属结构
	工作机构
	控制系统
	安全保护装置

3.1 金属结构

主要部件有吊臂、上下支承、底架等。

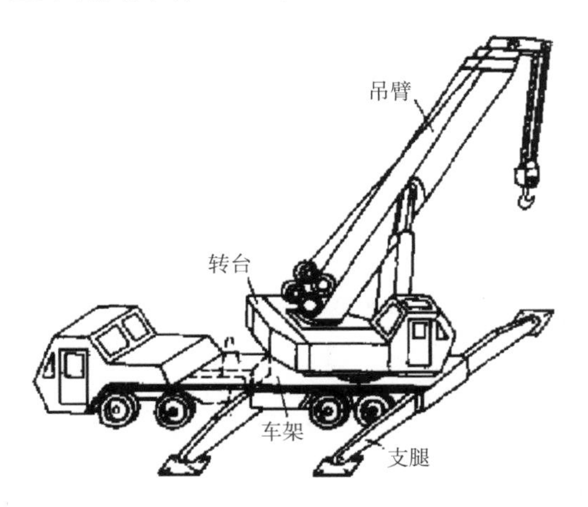

3.2 工作机构

包括：

- 起升机构
- 运行机构
- 变幅机构
- 回转机构

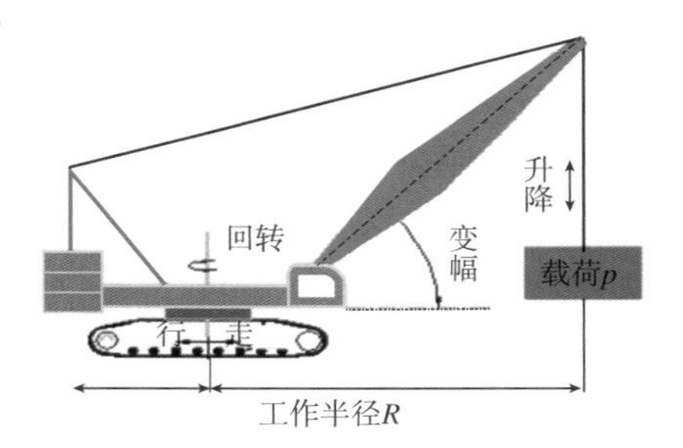

（1）起升机构

起升机构是起重机中最重要、最基本的机构，用来实现货物的升降。它的性能优劣，将直接影响整台起重机械的工作性能。

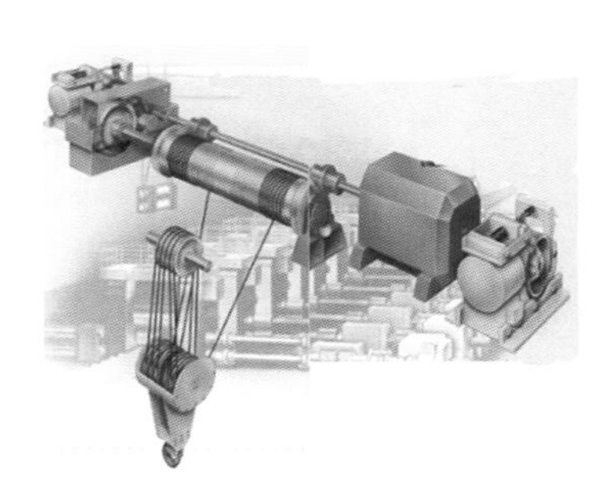

（2）运行机构

用于水平运移物料，调整起重机工作位置，并将作用在起重机上的载荷传递给其支撑的基础。起重机的运行机构是由以下四部分组成：

驱动装置——电动机、（电驱动）发动机、油压驱动。

制动装置——制动器。

传动装置——减速器。

行走装置——车轮、（钢轮、胶轮）履带。

（3）变幅机构

变幅机构是用来改变起重机幅度的机构。

（4）回转机构

回转机构的作用有回转、连接、对中、支承、防倾，包括驱动装置、制动装置、回转支承装置。

3.3 控制系统

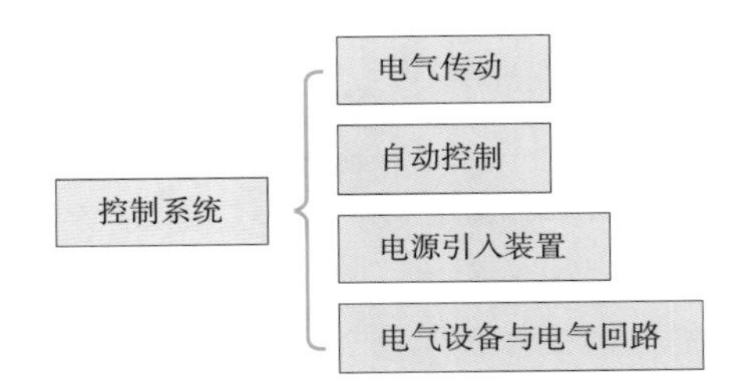

起重机构的动作均由电气或液压控制系统来完成。起重机运转动作能平稳、准确、安全、可靠，离不开控制系统有效传动、控制和保护。

3.4 安全保护装置

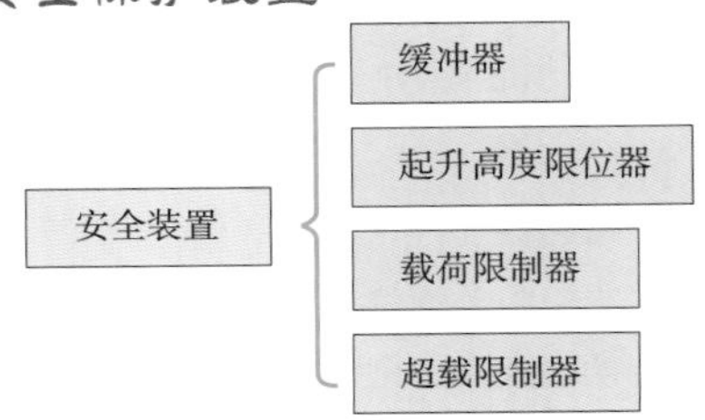

4 起重机的典型安全防护装置

以臂架式起重机为例，如下：

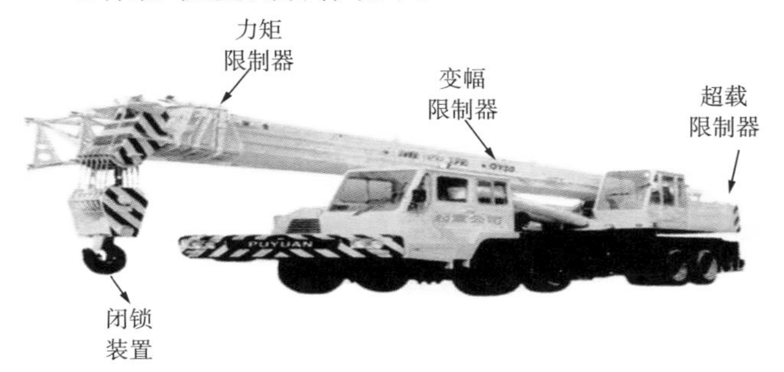

力矩限制器是臂架式起重机的超载保护安全装置。

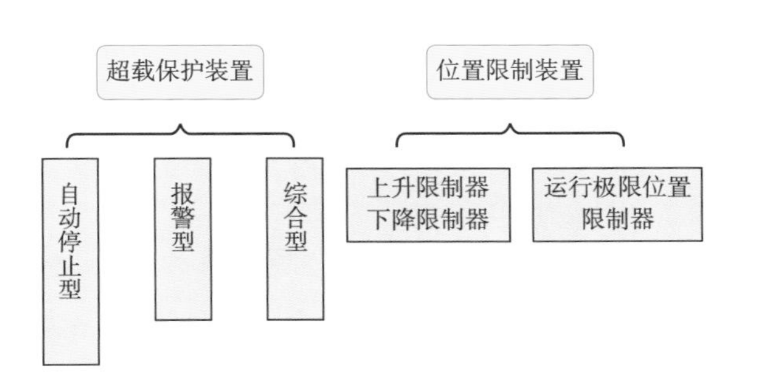

技术要求：定期检查，安全可靠。

5 易损部件安全要求

5.1 安全要求

（1）吊钩

吊钩应具有制造单位提供的合格证等技术证明文件，方可投入使用。

检验合格的吊钩，应在低应力区作出不易磨灭的标记。标记内容至少应包括：

- 额定起重量
- 厂标或生厂名
- 标验标志
- 生产编号

吊钩应当设置防止吊物意外脱钩的闭锁装置，严禁使用铸造吊钩。

（2）钢丝绳

钢丝绳禁止使用的情况：

- 吊索铭牌遗失或无法辨认；
- 钢丝径向磨损、磨蚀量达到钢丝直径的 30%以上或有明显腐蚀；
- 局部外层钢丝呈扭结、压扁或笼形状态；
- 其他结构性损坏。

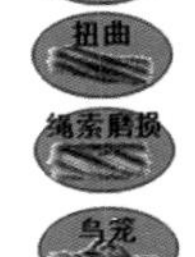

（3）制动器

●制动器调整适宜，制动平稳可靠；

●液压制动器保持无漏油现象；

●制动器的推动器保持无漏油状态。

（4）卷筒

●卷筒上钢丝绳绳端固定装置应当具有防松或自紧性能；

●多层缠绕的卷筒，端部应当具有凸缘，凸缘应比最外层钢丝绳直径高 2 倍。

（5）滑轮

●滑轮应当设置防止钢丝绳脱出绳槽的装置或结构；

●滑轮槽应当光洁平滑，不得有损伤钢丝绳的缺陷；

●吊运熔融金属的起重机不得使用铸铁滑轮。

5.2 报废标准

（1）吊钩

吊钩出现以下情况之一时，应当予以报废：

●危险断面磨损达到原尺寸的 10%；

●开口度比原尺寸增加 15%；

●扭转变形超过 10°；

●危险断面或吊钩颈部产生塑性变形等。

（2）滑轮

滑轮产生裂纹、轮槽不均匀磨损达到 3mm、轮槽壁厚磨损达到原壁厚的 20%、因磨损使轮槽底部直径减少量达到钢丝绳直径的 50% 或者滑轮存在其他损害及缺陷时，应当予以报废。

（3）卷筒

卷筒出现裂纹或者筒壁磨损达到原壁厚的 20%时，应当予以报废。

（4）钢丝绳

钢丝绳出现以下情况之一时，应当予以报废：

●出现整股绳断裂；

●纤维芯损坏或钢芯断裂，使绳径显著减小；

●钢丝绳的外层钢丝磨损达到其直径的 40%或钢丝绳直径相对公称直径减小 7%；

●外部和内部腐蚀，钢丝绳表面出现深坑，钢丝之间松弛；

●出现波浪形变形达规定值、笼形畸变、绳股挤出、钢丝挤出严重、绳径局部严重增大、严重纽结、局部压扁严重、产生弯折等。

●交绕的钢丝绳在一个捻距内，断丝数达该绳总丝数的10%；

●索眼表面出现集中断丝，或断丝集中在金属套管连接绳股中；

●由于带电燃弧引起的钢丝绳烧熔、熔融金属液浸烫或长时间暴露于高温环境中引起的强度下降；

●海水长时间浸泡、腐蚀；

●绳端固定连接金属套管部分滑出；

●钢丝绳在一个捻距内出现死结或麻心外露。

（5）制动轮

制动轮出现以下情况之一时，应当予以报废：

●影响性能的表面缺陷；

●轮缘厚度磨损达到原厚度的50%；

●轮缘厚度弯曲变形达到原厚度的20%；

●踏面厚度磨损达到原厚度的15%；

●运行速度低于或者等于50m/min，车轮椭圆度达到1mm；

●运行速度高于50m/min，车轮椭圆度达到0.5mm。

（6）吊带

●严重磨损、穿孔、切口、撕断；

●承载接缝绽开、缝线磨断；

●吊带纤维老化、弹性变小、强度减弱；

●纤维表面粗糙易于剥落；

●吊带出现死结；

●吊带表面有过多的点状疏松、腐蚀、酸碱烧损以及热熔化或烧焦；

●带有红色警戒线吊带的警戒线裸露等。

（7）吊链

●链环发生塑性变形，伸长达原长度 5%；

●链环之间及链环与端部配件连接接触部位磨损减小到原公称直径的 60%，或其他部位磨损减少到原公称直径的 90%；

●裂纹或高拉应力区存在深凹痕或锐利横向凹痕；

●链环修复后，未能平滑过渡或直径减少量大于原公称直径的 10%；

●扭曲、严重锈蚀后积垢不能加以排除；

●端部配件的危险断面磨损减少量达原尺寸的 10%；

●有开口度的端部配件，开口度比原尺寸增加 10%等。

（8）卸扣

●表面有裂纹；

●本体扭曲达 10%；

●表面磨损达 10%；

●横销不能闭锁；

●横销变形达原尺寸的 5%；

●横栓坏死或滑牙。

6 起重机械的检验和保养

6.1 基本要求

属于特种设备的起重机械在使用之前，必须确保经过政府相关部门的检验，并具有该部门颁发的有效的检验报告。

在用起重机械每月至少应进行一次日常维护保养，每年至少应进行一次年度维护保养，并做好相关记录，保持起重机械的正常使用状态。

6.2 检验执行标准和周期

（1）检验执行标准

特种设备安全技术规范——《起重机械定期检验规则》。

（2）起重机械定期检验周期

塔式起重机、升降机、流动式起重机（履带吊、轮胎吊）每年1次；桥式起重机、门式起重机、门座起重机、缆索起重机、桅杆起重机、机械式停车设备每2年1次，其中涉及吊运熔融金属的起重机每年1次。

（3）检验报告

报告编号：

起重机械定期（首次）检验报告

使用单位名称：________________
设 备 类 别：________________
设 备 品 种：________________
设备型号规格：________________
设 备 代 码：________________
使用登记证编号：________________
检 验 类 别：________________
检 验 日 期：________________

6.3 日常维护保养

使用单位、所属单位的设备管理部门以及操作人员等，应定期对吊装机械和吊索具进行检查、维护和保养，发现故障、缺陷、破损、断裂等问题，及时处理、更换。

7 吊索具安全要求

7.1 材质及结构

（1）钢丝绳吊索在较为通用的环境下使用；

（2）人造纤维吊索在潮湿或腐蚀环境下使用；

（3）起重链条在工作条件恶劣或可能发生磨损的情况下使用。

7.2 安全系数

（1）最低安全系数不得小于 6；

（2）当实施化学品、生化等危险物品吊装作业时，安全系数不得小于 8。

7.3 端部配件选择

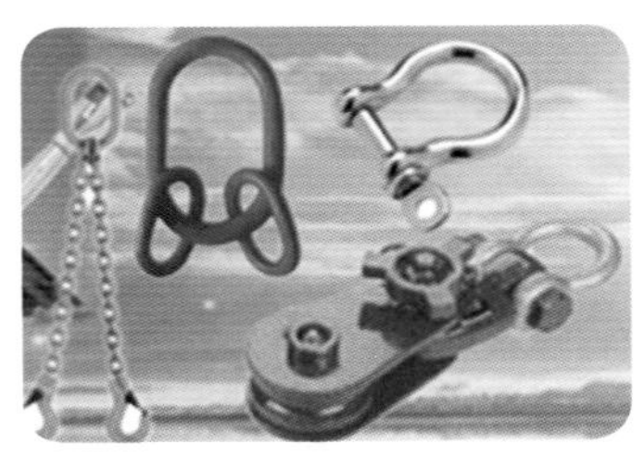

（1）主环、连接环应选用镇静钢无缝圆形环和椭圆形环；

（2）卸扣应选用符合 JB/T 8112 的弓形卸扣；

（3）环眼吊钩应选用镇静钢锻造，有自锁或防止吊物滑落机构。

7.4 单根吊索具

配备的端部配件的极限工作载荷应大于等于吊索具的极限工作载荷。

7.5 多根组装吊索具

配套的吊钩、卸扣或主吊环的工作极限载荷至少应等于相配吊索具的工作极限载荷。

7.6 吊点的选择

确定物件重心是正确选择吊点以及绑挂方法的依据。

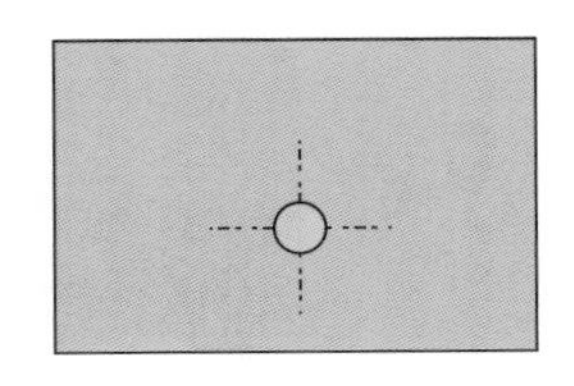

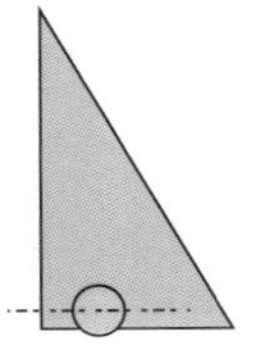

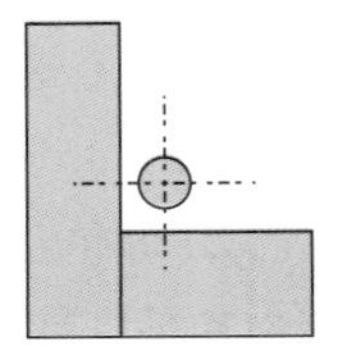

（1）多数吊装作业可以采用试吊法选吊点；

（2）有吊耳的物件直接使用吊耳作吊点；

（3）长条形物件吊点选择可参见下图。

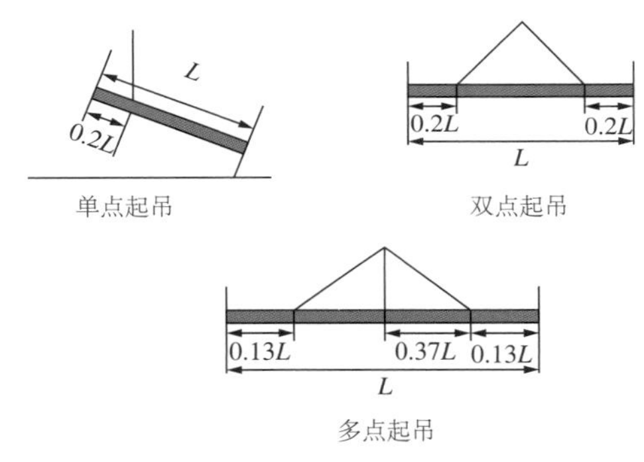

单点起吊

双点起吊

多点起吊

（4）方形物体一般采用四个吊点，对称布置；

（5）大型反应器、罐体等应采取平衡梁等辅助设备吊装。

7.7 吊物捆绑方法及注意事项

分为平行吊装绑扎法和结索法。

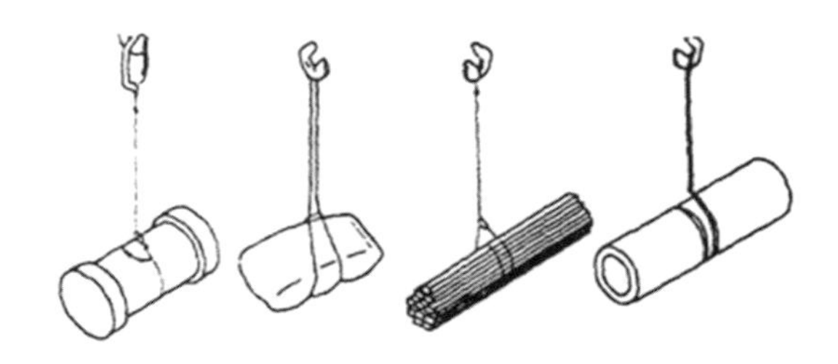

平行吊装绑扎法

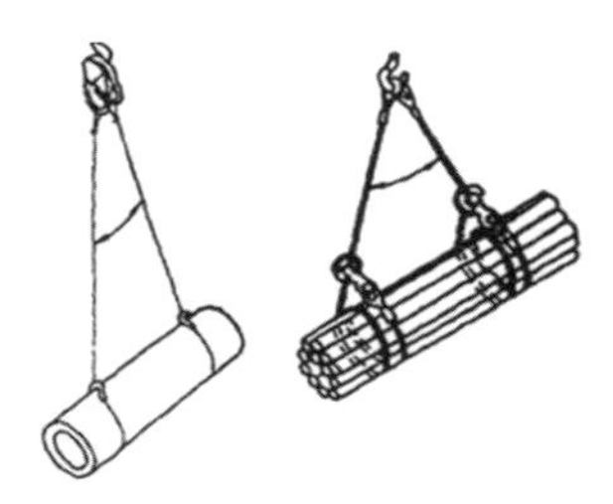

（a）双支单双圈穿套结索法

（b）吊篮式结索法

注意事项：

（1）用于绑扎的钢丝绳吊索不得用插接、打结或绳卡固定连接的方法缩短或加长。

（2）采用穿套结索法，应选用足够长的吊索，以确保挡套处角度不超过 120°，且在挡套处不得向下施加损坏吊索的压力。

（3）吊索绕过吊物的曲率半径不小于该绳径的 2 倍。

（4）绑扎吊运大型或薄壁物件时，应采取加固措施。

（5）注意风载荷对吊物引起的受力变化。

（6）其他见下图。

使用起重机吊运散料，要装箱或装笼。起吊长料要捆绑牢固，设置溜绳，先试吊调整吊索和重心，使吊物平衡。

起吊梁类物件，采用双点绑扎法时，不可使用一根绳索，因一根绳索易在吊钩上自由滑动，容易造成物件翻转，应在梁和绳索间采取必要防护措施。

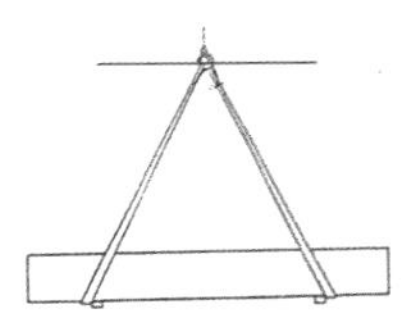

应根据构件的质量、长度及吊点合理制作吊索，工作中吊索的水平夹角宜在45°~60°之间，不得小于30°。

7.8 吊挂注意事项

（1）吊挂之前，应先了解吊物的质量和起重机的额定荷重；

（2）吊物的重心亦需知晓，否则在吊装过程中，吊物可能偏斜或倒转；

（3）吊物的重心宜低，吊钩应在重心的正上方。

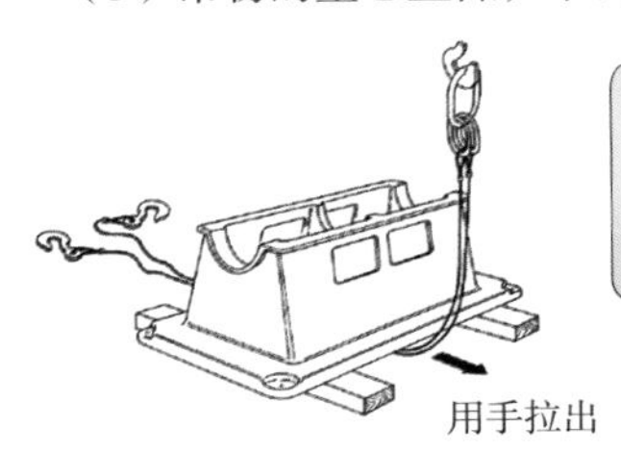

吊物下如挂有绳索，落地（或装车）前应预先放置垫木，以免给抽绳及下次穿绳造成安全隐患。

🔔7.9 吊索具的其他安全要求

（1）吊索具应与所吊运物品的种类、环境条件及具体要求相适应，应存放在通风、干燥的地方，不允许在酸、碱、盐、化学气体、潮湿、高温环境下存放。

（2）作业前，应对吊索具进行检查，确认功能正常、完好时，再投入使用。

（3）吊挂前，应确认吊物上设置的起重吊挂连接处牢固可靠，提升作业前应确认绑扎、吊挂是否可靠，在进行试吊确认无误后方可起吊。

（4）吊具不得超过其额定起重量，吊索不得超过其最大安全工作载荷。

（5）作业过程中不得损坏吊物及吊索具，必要时应在吊物与吊索具间加衬垫予以保护。

8 吊装作业安全要求

8.1 吊装作业的等级

吊装作业按吊装重物质量（m），划分为三个等级：

- 一级吊装作业：$m>100t$；
- 二级吊装作业：$40t \leqslant m \leqslant 100t$；
- 三级吊装作业：$m<40t$。

8.2 吊装作业过程

分为以下几步，见下图。

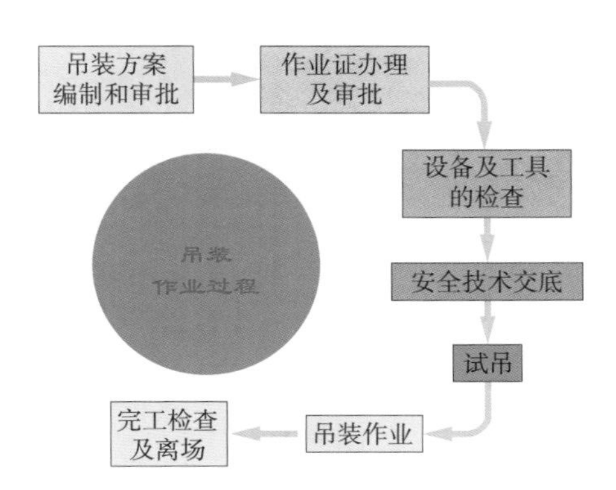

（1）基本要求

● 作业前，应按规定穿戴好个人防护用品。

● 特种劳动防护用品必须有国家要求的“三证一标志”——生产许可证、产品合格证和安全鉴定证，且产品上贴有 LA 安全标志认证。

● 作业前建立吊装警戒区，指定专人进行安全监护。

● 拉设警戒线、树立警示牌。

● 起重指挥必须佩戴明显标识。

● 起吊物体必须拉设溜绳等。

（2）检查要点

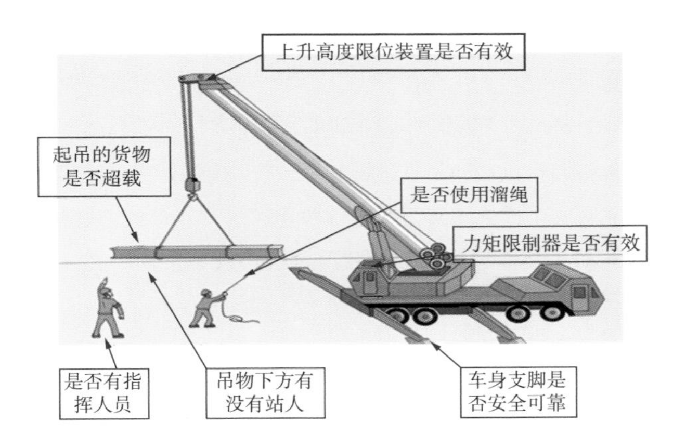

（3）安全管理

● 属于特种设备的起重机械应具有国家相关部门颁发的、有效的《检验报告》（以国家质量监督检验检疫总局颁布的特种设备目录为准）；各单位应按照国家标准规定对起重机械进行日检、月检和年检。对检查中发现的起重设备问题，应及时进行检修处理，并保存检修档案。

● 起重指挥人员、起重机司机和起重设备相关管理人员，应持有政府相关部门颁发的《特种设备作业人员证》。

● 在进行大型吊装作业前，各单位吊装专业主管部门应会同有关部门对作业方案、作业安全措施和应急预案、吊装作业工作安全分析表（JSA）、机械设备检查表、吊索具检查确认表、安全技术交底文件、吊装令等进行检查确认等。

🔔 8.3 吊装作业前的安全检查

● 吊装专业主管部门应对起重指挥、司机等人员进行资格确认。

● 对特种设备的检验报告进行确认。

● 对起重机械和吊具进行安全检查，确保处于完好状态。

● 对安全措施落实情况进行检查确认。

● 对吊装区域内的安全状况进行检查（包括吊装区域的划定、警示标识等）。

● 核实天气情况等。

🔔 8.4 吊装作业的主要安全措施

● 吊装作业时必须明确指挥人员，指挥人员应佩戴明显的标志。

● 指挥人员必须按规定的指挥信号进行指挥，其他操作人员应清楚吊装方案和指挥信号。

● 起重指挥人员应严格执行吊装方案，发现问题及时与方案编制人员协商解决。

● 正式起吊前应进行试吊，检查全部机具、地锚受力情况，发现问题应先将吊物放回地面，待故障排除后重新试吊。确认一切正常后，方可正式吊装。

● 吊装过程中出现故障，起重机司机应立即向指挥人员报告，没有指挥令，任何人不得擅自离开岗位。

● 吊物就位前，不得解开吊装索具等。

● 严禁利用管道、管架、电杆、机电设备等作吊装锚点。

8.5 起重机司机的安全要求

● 作业前，对起重机进行安全检查。

● 按指挥人员的指挥信号进行操作，对于紧急停车信号，不论何人发出，均应立即执行。

● 无法看清场地、吊物情况和指挥信号时，不得进行起重操作。

● 起重机械及其臂架、吊具、辅具、钢丝绳、缆风绳和吊物不得靠近高低压输电线路。确需在输电线路近旁作业时，必须按规定保持足够的安全距离（见下表），否则，应先停电再进行起重作业。

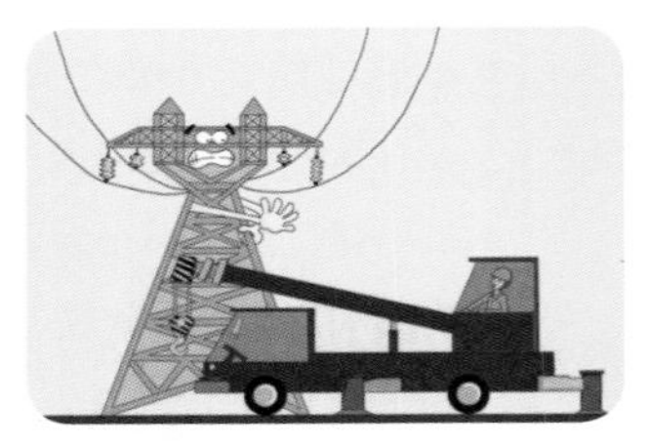

起重机吊臂或吊物与架空输电线的安全距离

输电导线电压 /kV	<1	10	35	110	220	330	500
安全距离 /m	2	3	4	5	6	7	8.5

●停工或休息时，不得将吊物、吊笼或吊索具悬吊在空中。

●起重机械工作时，不得对其进行检查和维修。不得在有载荷的情况下调整起升、变幅机构的制动器。

●下放吊物时，严禁自由下落（溜），不得利用极限位置限制器停车。

●用2台或多台起重机械吊运同一重物时，升降、运行应保持同步，各台起重机械所承受的载荷不得超过各自额定起重能力的80%。

●遇6级以上大风或大雪、暴雨、大雾等恶劣天气时，不应进行露天吊装作业。

8.6 十不吊

（1）吊物重量超过机械性能允许范围不吊。

（2）吊物重量不明时不吊。

（3）吊物下方有人站立，或吊物上站人不吊。

（4）吊装半径内没有设置警戒不吊。

（5）埋在地下的物品不吊。

（6）斜拉斜牵物不吊。

（7）散物捆绑不牢、零散物不装容器不吊。

（8）信号不清不吊。

（9）吊索具不符合规定不吊。

（10）六级以上大风以及大雾、暴雨、大雪等恶劣天气时不吊。

9 机械伤害常见救护措施

● 对于遭受机械伤害的伤员，应迅速使其离开作业机械或现场，必要时拆卸机器设备，移出受伤的肢体。

● 对于发生休克的伤员，应首先进行抢救。遇有呼吸、心跳停止者，可采取人工呼吸或胸外心脏挤压法，使其恢复正常。

● 对于骨折的伤员，应利用木板、竹片和绳布等捆绑骨折处的上下关节，固定骨折部位。

下肢自体固定法

前臂骨折临时固定

● 对于下肢伤口出血的伤员，应让其以头低脚高的姿势躺卧，将消毒纱布或清洁织物覆盖伤口上，用绷带较紧地包扎止血，或者选择弹性好的橡皮管、橡皮等。对上肢出血者，捆绑在其上臂 1/2 处，对下肢出血者，捆绑在其在大腿 2/3 处，以压迫止血，并每隔 25~40 分钟放松一次，每次放松 0.5~1 分钟。

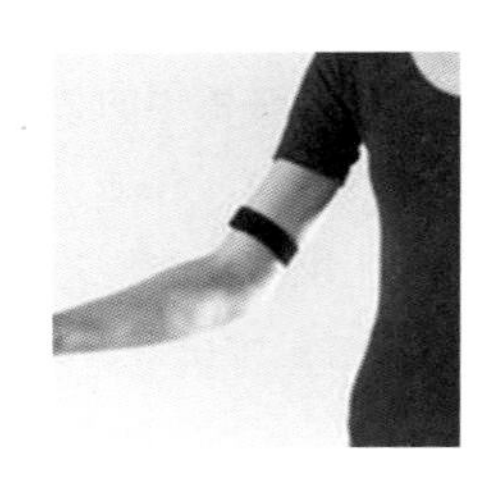

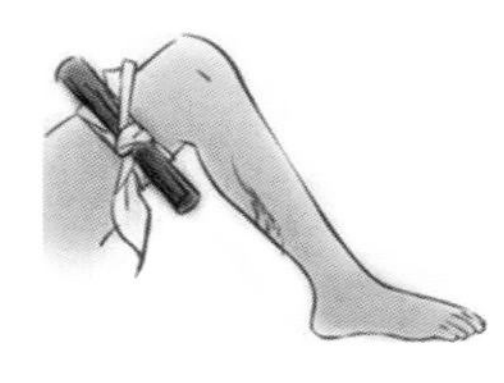

采取上述急救措施后，要根据病情轻重，及时将伤员送往医院治疗。在转送医院途中，应尽量减少颠簸并密切注意伤员的呼吸、脉搏及伤口等情况。

10 典型事故案例分析

10.1 夜间吊装作业伤人事故

事故经过

某日 20 : 30 左右，某承包商安排临时租用的 25t 吊车到某项目压滤单元现场进行倒运混凝土压块施工作业。21 : 20，吊车司机田某在操作起重臂转杆过程中，不慎将充当司索的陈某、连某二人，从距地面 5 米高的混凝土压块上碰落至地面，造成二人骨折。

事故原因

（1）直接原因

吊车司机田某在夜间视线不清的情况下，冒险作业、违章操作，转动起重臂时碰到司索人员陈某和连某，致使二人从混凝土压块顶部坠落。

（2）间接原因

承包商现场安全管理不到位，在明令禁止夜间吊装作业的情况下，人员未经许可、擅自进场，未采取任何防范措施就进行吊装作业。

项目部对承包商监管不到位，没有及时发现并制止违章行为。

10.2 吊物坠落致人员死亡事故

事故经过

某钻井队要进行搬迁作业。在起吊钻台逃生滑道过程中，滑道侧翻滑落，导致 3 人被砸伤，其中 1 人抢救无效死亡，另外 2 人轻伤。

 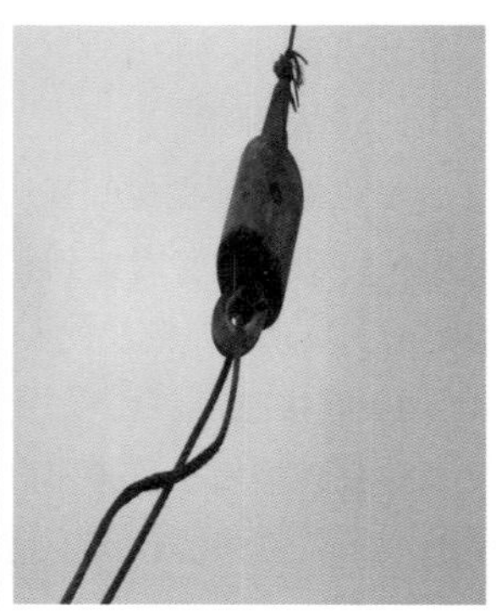

事故原因

（1）直接原因

起重指挥严重失职。再次起吊前没有进行安全确认，站位不正确。

吊索选用和系挂方式存在隐患。索具直径过大，且系挂处没有防脱措施，吊索从吊耳脱出。

吊车司机违章操作，没有看到指挥人员的指令就盲目起吊。

（2）间接原因

钻井队在现场作业组织、特种设备作业管理等方面存在严重漏洞。

作业人员安全意识淡薄，责任心缺失。